ÉTUDE

SUR LE

TORTICOLIS

PAR

LE DOCTEUR M. BILHAUT

Professeur libre d'orthopédie

Lauréat de l'Académie de Médecine, membre de la Société de médecine pratique,

de la Société de thérapeutique, de la Société médicale du IVᵉ arrond.,

de la Société française d'hygiène, etc.

PARIS 1888

ÉTUDE

TORTICOLIS

PAR

LE DOCTEUR M. BILHAUT

Professeur libre d'orthopédie

Lauréat de l'Académie de Médecine, membre de la Société de médecine pratique,

de la Société de thérapeutique, de la Société médicale du IVe arrond.,

de la Société française d'hygiène, etc.

PARIS 1888

ÉTUDE

SUR LE

TORTICOLIS

On donne le nom de torticolis à l'inclinaison permanente de la tête combinée, en général, avec un mouvement de rotation. On donne aussi à cette déviation le nom d'*oshlipité*, du latin, *obstipus* (penché, courbé).

Le torticolis volontaire se rencontre chez les individus de caractère sournois; chez certains, il est un signe extérieur, d'une piété, prise, en général, en mauvaise part; dans ces deux cas, il correspond à un certain état de l'âme. Rabelais, stigmatisant les gens dissimulés, les appelle *cagots, cafards, torticolis*. On comprend qu'il s'agit, dans l'espèce, d'une attitude voulue, et non d'une maladie, ni d'un symptôme morbide.

Le torticolis est plutôt un symptôme, qu'une affection essentielle. Il n'y a pas, à vrai dire, de torticolis idiopathique; à moins de vouloir faire, de la contracture des muscles de la région cervicale, la lésion anatomo-pathologique du torticolis. Il est plus logique d'admettre un torticolis d'origine musculaire et un torticolis d'origine osseuse; le premier est lié à une lésion des parties molles, le second est symptomatique d'une affection du squelette; le plus souvent, il s'agit d'une ostéo-arthrite tuberculeuse de la colonne cervicale.

Je n'étudierai présentement que le torticolis dû à une lésion des parties molles de la région cervicale. J'abandonne à dessein l'expression de torticolis musculaire, car, dans un certain nombre de cas, le système musculaire est hors de cause; comme dans les torticolis consécutif aux brulures, à la rétraction des cicatrices, et au cancer de la peau. J'étudierai le torticolis osseux en même temps que le mal vertébral sous-occipital.

Le torticolis est quelquefois dû au rhumatisme musculaire; il est alors de courte durée. Il en est de même du torticolis dû à la rupture traumatique des fibres musculaires; tout rentre dans l'ordre promptement; je n'insiste pas sur ces deux formes.

Le malade atteint de torticolis, se présente sous cet aspect : la tête est inclinée sur l'épaule correspondante; le plus communément, c'est le côté droit qui est le siège d'élection. La face est quelquefois assez abaissée pour que l'oreille soit à peine distante de l'épaule. J'ai vu une malade chez laquelle il était impossible de glisser la main entre la face et l'épaule. En même temps, le menton dévie du côté opposé. S'agit-il d'un torticolis du côté droit? le menton se reporte à gauche. L'œil droit est sur un plan antérieur et inférieur à celui de son congénère. L'épaule droite se soulève et se porte en avant. Si l'on examine les vertèbres cervicales, on y découvre une courbure de compensation analogue à celle que l'on voit chez les scoliotiques.

S'agit-il d'un torticolis ancien? On trouve que le muscle sterno-cléido-mastoïdien forme une saillie dure, résistante, inextensible. Si l'on veut réduire la déviation de la tête, le muscle se tend et devient rigide; de sorte, que ce n'est pas la douleur ressentie par le malade qui peut faire obstacle au redressement, c'est le défaut d'élasticité du muscle. Il est à remarquer, que souvent, la tentative de redressement ne fait aucun mal.

Le muscle le plus souvent rétracté, c'est le sterno-cléido-mastoïdien. On le trouve atrophié et diminué de longueur. Il est bon de savoir que l'atrophie n'est pas toujours constante et qu'on a parfois trouvé ce muscle, d'un volume normal. On peut se demander si les auteurs qui ont signalé ce fait n'ont pas négligé de tenir compte des lésions pouvant siéger sur les autres muscles; et si, dans les cas de torticolis sans lésion du sterno-cléido-mastoïdien, d'autres muscles n'étaient pas en voie de dégénérescence.

On trouve donc, le plus fréquemment, un amincissement du muscle. Parfois on constate des nodosités, le long de son trajet: mais, ce qui ne fait jamais défaut, c'est l'impossibilité de produire l'allongement.

D'autres muscles peuvent, isolément ou collectivement, concourir à l'apparition du torticolis; ce sont: le trapèze, le splénius, les complexus et le peaucier. On comprend facilement qu'en raison des points d'insertions de ces divers organes, l'attitude de la tête, dans le torticolis qu'ils déterminent, sera un peu différente de celle qui reconnait pour cause la rétraction du sterno-cléido-mastoïdien.

Tous les auteurs de traité de pathologie externe ont étudié la contracture musculaire et la rétraction: je ne m'appesantirai pas sur ces points. Je me bornerai à dire que les muscles qui ont concouru au torticolis sont comme frappés de mort; ils perdent leur qualité essentielle, en cessant d'être contractiles. Les fibres musculaires striées s'atrophient, le plus souvent; et fréquemment, le muscle est envahi par un tissu fibreux, véritable sclérose des éléments contractiles. Enfin, le muscle ne répond pas, ou répond mal, à la faradisation.

Le torticolis passager, acquis, correspond à la contracture; le torticolis congénital, et le torticolis permanent, se rattachent surtout à la rétraction.

La douleur du torticolis est très variable; elle est vive dans les formes dues au rhumatisme, et dans celles dues à la rupture musculaire ou bien au tiraillement de la région cervicale. Quand la rétraction s'est produite, la douleur tend à disparaître.

Il n'est pas rare de rencontrer l'obstipité chez les enfants, dès le plus jeune âge; car, il en est, chez qui les lésions sont franchement congénitales. Dans ce cas, le torticolis constitue une grave infirmité; car, ainsi que l'ont indiqué Broca, et depuis lui, tous ceux qui ont écrit sur le torticolis, souvent, on voit la moitié de la face et du crâne, frappés d'un arrêt de développement. Faut-il voir dans ce fait le résultat d'une nutrition défectueuse? C'est très probable. Tout un côté de la tête languit, le cerveau y est incomplètement développé; de là, des troubles de l'intelligence, qui peuvent aller jusqu'à l'idiotie. L'œil est moins volumineux, les paupières sont moins ouvertes, de là, des troubles de la vision. Le maxillaire supérieur est moins développé; de là, des dents moins grosses que celles du côté opposé.

Chez la petite fille, le torticolis peut se compliquer de scoliose, et l'on sait combien cette dernière affection a d'importance sur les difformations du bassin. Au point de vue de la gestation et surtout de l'accouchement, on doit se préoccuper de cette succession de lésions.

La contracture du sterno-cléido-mastoïdien ou celle des muscles de la région cervico-dorsale n'est pas toujours primitive; souvent, on trouve dans le voisinage, l'explication de ce fait. Tantôt c'est une adénite aiguë; tantôt ce sont des furoncles; tantôt un phlegmon; c'est par action reflexe, que le torticolis survient alors. Le malade veut immobiliser la partie endolorie; pour cela, il hésite à faire des mouvements, il détend les téguments au voisinage du mal, et prend une attitude spéciale. Quelquefois l'inflammation du voisinage se propage de proche en proche et elle détermine une myosite qui justifie le torticolis. C'est ainsi qu'on a vu des abcès tuberculeux fuser dans la gaine du sterno-mastoïdien et se terminer par une destruction plus ou moins étendue du tissu musculaire.

Le torticolis congénital a été expliqué par les théories les plus variées. On a admis, avant toute autre cause, *l'hérédité*; c'est absolument vrai. On a cru que les émotions de la mère pouvaient exercer sur le système nerveux du fœtus une action capable de déterminer un arrêt de développement. On a expliqué, de la même façon, les convulsions, qui, pendant la vie intra-utérine, avaient pour conséquence la contracture, et finalement, la rétraction musculaire. On a attribué une part de responsabilité à la position normale occupée par le fœtus, dans les présentations céphaliques. On a reproché au forceps le traumatisme du sterno-mastoïdien, ou des filets nerveux qui s'y rendent. On a cru que la traction exercée dans l'accouchement, lorsque l'enfant se présente par le siège, pouvait amener, soit l'élongation, soit la rupture du muscle. On a admis que la syphilis, qui se localise si fréquemment, chez l'enfant, dans le sterno-mastoïdien, pouvait aussi avoir sa part dans les causes du torticolis. Chacun a cité à l'appui de sa théorie des faits qui ont été accueillis avec grâce par les uns et rejetés par les autres. Je crois, pour mon compte, que les causes que je viens d'énumérer, sont acceptables. Je doute néanmoins, que le forceps, soit cause du torticolis; il me parait difficile de l'appliquer assez mal, pour atteindre le muscle en question.

Quelles que soient les causes du torticolis, nous savons, que le plus souvent, il faudra trouver dans un muscle l'obstacle au redressement de la tête, et que c'est surtout le sterno-mastoïdien qui devra attirer l'attention.

Le mécanisme de l'inclinaison de la tête est des plus simples. En effet, nous voyons le muscle dont je parle, s'insérer, d'une part, à l'apophyse mastoïde, et d'autre part au sternum et à la clavicule. Rapprochons l'insertion mobile des insertions fixes; nous verrons se produire ce qui arrive par le fait même de la contraction musculaire : le faisceau claviculaire abaissera un côté de la tête, le faisceau sternal concourra au même mouvement, mais de plus, il produira un mouvement de rotation.

La tête est maintenue en équilibre par les deux sterno-mastoïdiens, qui la soutendent, comme des haubans, et l'empêchent de se reporter en arrière. Qu'un des deux muscles vienne à exagérer son action, le torticolis se produira, en raison de la faiblesse de son antagoniste.

Il est une cause de torticolis dont les anciens auteurs ont eu la conception, et dont M. de Saint-Germain a vérifié la réalité; c'est la paralysie d'un des deux sterno-mastoïdiens. La déviation se fait inversement à celle que je viens d'indiquer. Si, en effet, la paralysie se fait à droite, l'élongation se fait du côté malade; au contraire, le muscle du côté gauche se contracte, il entraîne la tête, et produit une rotation par laquelle le menton se reporte de gauche à droite. Il est de la plus haute importance, au point de vue du traitement, de reconnaître à laquelle des deux causes on devra rattacher l'obstipité. Il faut, néanmoins, qu'on n'ait pas affaire, à une paralysie avec contracture.

Contracture ou paralysie, rétraction ou arrêt de développement, telles sont les causes les plus fréquentes du torticolis.

Le rhumatisme musculaire produit le torticolis passager, lorsque celui-ci n'est pas le résultat d'un traumatisme, ou d'une action réflexe. *(Inflammation de voisinage)*.

Torticolis aigu. — Quand on se trouve en présence d'un torticolis aigu, le diagnostic est de toute simplicité. Mais, ce qui, en pareil cas, est intéressant, c'est de savoir à quelle cause rattacher ce phénomène. S'agit-il d'une adénite? On trouvera dans le voisinage un ou plusieurs ganglions tuméfiés, douloureux. Peut-être découvrira-t-on un abcès périganglionnaire déjà fluctuant. Dans ce cas, la peau sera brillante, plus rouge, plus chaude qu'à l'état normal.

S'agit-il d'une arthrite rhumatismale de la région cervicale? On le saura par la douleur vive déterminée par la pression sur les vertèbres du cou. Des poussées rhumatismales antérieures pourront éclairer le diagnostic, si toutefois le malade a déjà été pris de rhumatisme. Le traitement, dans ce cas, pourra aussi confirmer l'exactitude du diagnostic. Le salicylate de soude, le sulfate de quinine, l'antipyrine, indiqueront qu'il s'agit bien d'un rhumatisme, si l'administration de ces médicaments détermine la guérison. C'est le cas de répéter : *naturam morborum curationes ostendunt.*

Si le torticolis est consécutif au traumatisme, au tiraillement exagéré des muscles de la région cervicale, et surtout du muscle sterno-cléido-mastoïdien, les commémoratifs seront utiles. On apprendra par le malade, qu'il a fait un violent effort dans lequel ses muscles cervicaux ont pu voir se rompre quelques fibres contractiles.

Le torticolis aigu est donc d'un diagnostic facile.

Torticolis permanent. — Si le torticolis est ancien, la situation devient plus obscure; elle nécessite des recherches attentives. Toute erreur en ce qui concerne l'étiologie, peut être préjudiciable au malade en traitement.

Le torticolis est-il d'origine musculaire? dépend-il, au contraire, d'une lésion osseuse? Ces questions ne se résolvent pas toujours d'emblée. Cependant, en examinant attentivement la région malade, on pourra, dans certains cas, voir que l'attitude est bien celle que l'on retrouve dans le torticolis musculaire. La tête est penchée sur l'épaule; le menton se reporte vers le côté opposé; ainsi, si la tête penche à droite, le menton incline vers la gauche. Dans le torticolis qui dépend du mal vertébral, la tête, en *général*, penche en avant ou sur le côté; le mouvement de rotation n'existe pas. Dans le torticolis musculaire, les tentatives de redressement sont indolores; dans le mal vertébral supérieur, le redressement est douloureux. Dans le torticolis musculaire souvent l'atrophie se produit, bien qu'elle ne soit pas constante. Dans le mal vertébral, le volume des muscles a tendance à rester le même. Dans le torticolis musculaire, pas de douleur, à la pression exercée sur les apophyses épineuses des vertèbres cervicales; dans le torticolis osseux, la douleur se produit sous l'influence de la pression.

Dans le premier cas, pas de douleur vertébrale spontanée. Dans le second, la douleur est sourde, profonde, et permanente. L'enfant atteint du torticolis musculaire dort paisiblement, la nuit ; celui qui est atteint de mal vertébral éprouve des soubresauts, et se réveille souvent en jetant des cris. — Jamais de troubles d'innervation du côté des membres, dans le torticolis musculaire ; le torticolis osseux, au contraire, peut être, dans certains cas, accompagné de paralysie des membres.

Lorsque le diagnostic restera obscur, on devra recourir à un procédé qui donne toujours les meilleurs résultats, je veux parler de l'emploi du chloroforme. Pendant l'anesthésie, lorsque la résolution musculaire est obtenue, l'examen de la colonne cervicale est des plus faciles ; si le torticolis est musculaire, la cessation du spasme permettra de corriger la difformité et de donner à la tête la position normale. Au contraire, si des lésions sont survenues de côté des vertèbres, on n'obtiendra pas de réduction. On ne réduit pas un mal de Pott ; on ne réduit pas davantage une ostéo-arthrite tuberculeuse des vertèbres cervicales, puisque la lésion est la même. Si l'affaissement vertébral s'est produit, si des stalactites osseuses forment comme des ponts qui unissent plusieurs vertèbres, toute réduction sera impossible, à moins d'agir avec brutalité et de déployer une force très considérable.

La direction de la tête, l'absence de lésion vertébrale et de douleur, soit en pressant, soit en voulant opérer le redressement de la tête, ferait diagnostiquer un torticolis musculaire. Les signes contraires aideront à reconnaître un torticolis osseux. Enfin, en cas de doute, il faudra recourir au chloroforme.

Quand on a reconnu que le torticolis est réellement d'origine musculaire, il reste à savoir quels sont les muscles contracturés. On les examinera un à un, et dans le cas où surgirait une difficulté, on devrait recourir à la faradisation. Les muscles contracturés répondant peu ou point à l'électrisation, on arrivera ainsi à reconnaître le siège exact de la lésion.

Comment diagnostiquera-t-on le torticolis spasmodique ? On le reconnaîtra au signe suivant : contracture permanente ou contracture intermittente du sterno-cléido-mastoïdien, survenant chez des malades nerveux, ou atteints d'affections qui siègent, soit dans les masses encéphaliques, soit dans la moelle.

C'est sous la dénomination générale de torticolis spasmodique, que se rangent : le tic convulsif rotatoire de la tête et du cou, le torticolis des malades atteints de méningite tuberculeuse, le torticolis des hémiplégiques, celui des malades atteints d'atrophie musculaire progressive, et enfin, le torticolis des hystériques. Dans chacun de ces cas, le torticolis est d'origine nerveuse.

Le tic rotatoire de la tête et du cou se reconnaîtra à la contraction intermittente, involontaire, d'un seul cléido-mastoïdien, ou des deux muscles du même nom. Dans le premier cas, la tête se portera vers le côté opposé à la contraction. Si les deux muscles se contractent isolément, et par là même alternativement, la tête décrit des mouvements de demi rotation en sens inverse. Si les contractions se font simultanément, la face est projetée en avant. On se souviendra que cette affection se développe souvent pendant le sommeil, et que l'état de veille ne semble pas l'exaspérer. Cependant, au dire de quelques auteurs, le spasme se reproduirait à certaines heures, de là les cures obtenues par l'emploi du sulfate de quinine.

Quelquefois ces contractions deviennent assez douloureuses pour faire tomber les malades dans le marasme, et pour déterminer des troubles psychiques, tels que le désespoir et les idées de suicide.

Souvent un hoquet persistant se produit en même temps que le torticolis. Ce phénomène concomittant fera diagnostiquer la nature spasmodique du torticolis; ces deux symptômes s'expliquent par l'irritation du nerf spinal dont les branches se distribuent aux muscles qui concourent à la production du torticolis et du hoquet. La contracture des scalènes aurait pour effet, d'après Romberg, de comprimer les vaisseaux axillaires, et partant, de déterminer l'œdème du bras. Il cite une observation à l'appui de cette théorie.

Le torticolis est un phénomène que l'on constate dans l'évolution de la méningite tuberculeuse; il n'a que la valeur d'un symptôme et ne devra nécessiter aucune intervention spéciale. Il en est de même de celui que l'on rencontre dans les affections cérébrales. Tantôt alors, le muscle sterno-cléido-mastoïdien est contracturé, comme dans les hémorrhagies des méninges ou des ventricules cérébraux; tantôt il est tout simplement inerte, comme dans l'hémorrhagie cérébrale classique. Dans ce dernier cas, les membres du côté sain entraînent la tête dans leur direction.

L'examen direct des muscles permettra en outre, de diagnostiquer quelquefois un torticolis dû à l'inégale résistance des sterno-cléido-mastoïdiens : Duchenne de Boulogne a trouvé des torticolis dus à une atrophie musculaire progressive. On devra faire porter les recherches sur tout le groupe musculaire du voisinage; car, souvent, la lésion s'étend à une certaine distance. Les muscles sains, ne se trouvant pas contrebalancés par leurs antagonistes, entraînent la tête de leur côté.

L'hystérie, qui d'ordinaire, nous réserve tant de surprises, peut aussi produire un torticolis spasmodique. Les malades atteints de cette névrose ont fréquemment, soit pendant leurs attaques, soit à la fin, des contractures qui s'étendent à toute une région, ou tout au moins à un groupe musculaire. La contracture frappe tantôt les fléchisseurs, tantôt les extenseurs. Quelquefois elle prend un segment de membre, quelquefois elle se localise au siège d'une articulation (*coxalgie hysté-rique*). La *contracture hystérique* du sterno-cléido-mastoïdien est assez fréquemment la cause déterminante d'un torticolis qui peut persister parfois longtemps. L'anesthésie chloroformique permettra de redresser facilement la tête; mais, avec le réveil, l'attitude vicieuse se reproduit. Les commémoratifs seront de nature à éclairer le diagnos-tic; les crises antérieures, l'excitabilité nerveuse, en un mot, tous les signes qui caractérisent les attaques convulsives de l'hystérie, serviront en pareille circonstance. Mais, il ne faut pas oublier que le médecin n'est pas toujours consulté après l'attaque, et que souvent il s'est écoulé un temps très considérable entre l'apparition du torticolis, et l'examen médical. Chez les jeunes filles ou les jeunes femmes appar-tenant à des familles où l'on voit des affections nerveuses, on devra toujours songer à la nature *hystérique* du torticolis.

Le 21 novembre 1887, j'étais demandé chez Madame B..., une de mes clientes. Cette personne me dit, à mon arrivée, qu'elle est prise, depuis douze heures, d'un torticolis qui la fait beaucoup souffrir.

Elle accuse, sur la région externe du cou, *côté droit*, une vive dou-leur, surtout, quand se produisent les mouvements de rotation de la tête.

La malade a le cou penché vers la gauche; le menton est dirigé vers l'épaule droite. Cette attitude m'étonne tout d'abord, car dans le torti-colis classique, une lésion ou une douleur siégeant sur le côté droit, fait dévier le menton vers la gauche.

J'examine attentivement le muscle sterno-cléido-mastoïdien, et ne le trouve ni endolori ni contracturé.

Le muscle qui est le siège de la douleur, c'est la partie supérieure et descendante du trapèze. Le pincement de ce muscle est très douloureux.

La malade dit n'avoir fait aucun effort et ne s'être en aucune façon exposée au froid.

La pression exercée sur les vertèbres cervicales ne détermine aucun mal. Les mouvements de rotation que je fais exécuter, en procédant avec douceur, ne produisent non plus, aucune exacerbation. La malade n'a aucune réaction fébrile, la température et le pouls sont normaux. Je ne vois donc aucun indice d'arthrite rhumatismale.

Me rappelant que ma malade est d'un tempérament nerveux, je lui demande si elle n'a pas éprouvé quelque vive contrariété. Elle m'avoue que la veille, elle s'est prise de querelle avec une voisine, et qu'après une violente colère, elle a eu une crise de nerfs.

Elle a éprouvé, pendant l'attaque, le sentiment d'une boule qui lui remontait du ventre à l'estomac, et finalement, la serrait à la gorge. Un torrent de larmes a terminé le spasme; et, peu après, une miction très abondante, aqueuse, s'est produite.

De ces aveux, je conclus à un *torticolis spasmodique, d'origine hystérique*. L'apparition du torticolis dans les conditions que je viens d'indiquer, c'est-à-dire immédiatement après l'attaque, ne peut laisser aucun doute.

Ce qu'elle éprouve dans la portion descendante du trapèze, peut être comparé à une crampe, revenant par accès. La malade peut en effet pallier la douleur, en maintenant son muscle dans l'extension continue; c'est pour cela qu'elle place sa tête dans l'attitude du torticolis. En un mot, elle écarte autant que possible l'insertion fixe (*colonne vertébrale et occipital*), de l'insertion mobile (*tiers externe du bord postérieur de la clavicule*); en même temps, elle abaisse le moignon de l'épaule.

Aussitôt que le relâchement se produit, la contracture renaît.

Ici, le mécanisme de la déviation de la tête n'est pas celui que l'on décrit habituellement; c'est pourquoi j'ai cru bon de citer cette observation.

Je prescrivis, contre la douleur, quatre grammes d'antipyrine, à prendre en quatre fois, de six en six heures.

Je fis pratiquer des onctions avec le baume tranquille; une bonne couche d'ouate fut appliquée *loco dolenti* et le repos assuré dans le *decubitus* dorsal.

Je revois ma malade le 22 novembre, c'est-à-dire au bout de 24 heures. La douleur a complètement cédé après la 3ᵉ dose d'antipyrine. La nuit a été bonne, le torticolis a disparu.

Traitement.

Le traitement sera variable, selon qu'il s'agira d'un torticolis aigu ou d'un torticolis chronique ou permanent.

Dans le premier cas, le traitement consistera principalement dans l'emploi de la chaleur, des antiphlogistiques, et des révulsifs. On pourra recourir à la sinapisation, aux frictions excitantes, ou mieux encore, à l'emploi du chlorure de méthyle. Le siphonage au chlorure de méthyle donne une amélioration instantanée. On doit, toutefois, procéder avec circonspection et éviter de faire une pulvérisation de trop longue durée. Il sera bon, chez les malades qui ont la peau fine ou facilement irritable, de procéder de la façon suivante : on commencera par appliquer sur la région où doit se faire le siphonage, une bandelette de diachylon, large de 4 à 5 centimètres et d'une longueur un peu plus grande que la surface d'irrigation. Cette bandelette doit être assez fine et fortement adhérente. J'emploie habituellement le sparadrap à la glu de Beslier, il remplit bien ces deux conditions. Quand l'adhésion est complète, on procède à la pulvérisation. Grâce à ce petit artifice, la volatilisation ne se produit pas directement sur la peau ; cependant, la bandelette, bonne conductrice de la chaleur, ou du froid, ce qui revient au même, ne s'oppose pas à l'action du médicament. Elle protège suffisamment la peau et permet d'éviter la vésication ou la production des escharres. La durée du siphonage est très courte, on doit s'arrêter quand on voit la couche de glace se produire. Comme je l'ai déjà dit, dans le torticolis récent, l'effet est instantané.

Les pulvérisateurs au chlorure de méthyle ne sont pas entre les mains de tous les praticiens, car il y a quelque difficulté à charger l'appareil, quand on habite loin des grands centres ; c'est là le principal obstacle à la vulgarisation du procédé. Aussi, faute de mieux, obtiendra-t-on tout de même de bons résultats, soit avec la sinapisation, soit avec l'électricité.

L'électrisation a été, à juste titre, très vantée dans le traitement de la contracture musculaire ; il y a donc avantage à y recourir pour combattre le torticolis de date récente. Si le moyen n'est pas infaillible, il est fréquemment très efficace. Dans la paralysie et l'atrophie, on emploie la faradisation ; les courants continus seront utiles contre les contractures.

Nous avons vu, dans la symptomatologie, que le torticolis provient assez souvent de la contracture réflexe que détermine le rhumatisme des articulations cervicales. Le diagnostic une fois confirmé, par l'examen local, par les commémoratifs (attaques rhumatismales antérieures) etc... on instituera le traitement général que l'on oppose au rhumatisme. Sous l'influence du sulfate de quinine, du salicylate de soude, de l'antipyrine, des fumigations de vapeur, etc..., on verra disparaître le torticolis, en même temps que l'attaque de rhumatisme dont il est le symptôme. Cependant, si le rhumatisme ne cède pas assez promptement, si à la poussée aiguë succède une arthrite rhumatismale chronique, la douleur persiste, la contracture lui fait cortège, et pour peu que ces accidents s'éternisent, la rétraction musculaire se produit. Si le muscle sterno-mastoïdien subit une dégénérescence, il devient inextensible, et, pour arriver à placer la tête dans la position normale, la section tendineuse deviendra urgente.

On devra s'opposer à la dégénérescence musculaire par l'électrisation ou par le massage ; on fera bien de recourir à ces deux procédés, simultanément. Je n'insisterai pas sur la faradisation ; je me bornerai à dire qu'il est sage de ne pas employer des courants de grande intensité.

Quand le muscle aura des tendances à s'atrophier, la faradisation devra être remplacée par l'application des courants conti ues ; ils donnent dans ce cas des résultats très satisfaisants.

Le massage a été conseillé dans tous les cas de torticolis, indistinctement, sauf dans le torticolis osseux, c'est-à-dire dans celui qui est le symptôme de l'arthrite tuberculeuse des vertèbres cervicales.

Dans le torticolis franchement musculaire, de date récente, le massage produit les meilleurs effets.

On doit procéder graduellement, et faire des frictions légères, sur toute l'étendue du sterno-cléido-mastoïdien (effleurage). On fera une onction, soit avec l'huile, soit avec la vaseline ou toute autre pommade propre à faciliter le glissement. Les pressions seront peu à peu augmentées, et deviendront très énergiques. On aura recours ensuite au pincement, puis à la percussion avec le rebord palmaire de la main ; enfin, saisissant le muscle à pleine main, on pratiquera le pétrissage.

Ce procédé est très salutaire dans le tor icolis aigu, soit que cette affection se rattache à une myosite spontanée, soit qu'elle provienne de la division traumatique de quelques fibres musculaires. Dans le torticolis permanent, dans celui qui est de date ancienne, le massage donnera rarement des résultats ; et malgré tout le désir que puisse avoir le médecin d'éviter l'intervation chirurgicale, il sera indispensable de recourir à la ténotomie.

A moins d'indications spéciales, on se bornera à sectionner le tendon sternal du cléido-mastoïdien. Il y aura rarement lieu de sectionner le faisceau claviculaire. Si cependant le redressement n'était pas complet après la première ténotomie, il ne faudrait pas hésiter à pratiquer une section sur le deuxième faisceau.

Le malade sera tout d'abord anesthésié, et quand la résolution sera complète, on le placera dans une attitude favorable. Il sera indispensable de faire saillir le cou en avant ; on y arrivera en glissant sous les épaules un coussin un peu dur.

Un aide saisira le patient, d'une main, par le front, de l'autre, par le menton ; il devra produire les mouvements combinés de redressement et de rotation. L'obstacle apporté par la rétraction musculaire rendra les tendons plus saillants.

Le chirurgien fera alors glisser la peau avec le pouce de la main gauche, puis il introduira de la main droite le ténotome aigu jusque dans le tendon à sectionner. Grâce à cet artifice, il évitera de toucher

les gros vaisseaux du voisinage. Prenant ensuite le ténotome mousse,
il le fera pénétrer par l'orifice cutané, et, grâce à l'extrême tension du
muscle, le tendon viendra se sectionner de lui-même, sans qu'il soit
besoin d'imprimer à la lame des mouvements de va-et-vient.

Un bruit sec annoncera la division du tendon ; et assitôt, l'aide, par
un mouvement brusque fera déchirer la gaine tendineuse, car quelques
fibres résistantes pourraient empêcher le redressement complet.

L'écoulement de sang est insignifiant ; et si l'on s'est servi d'ins-
truments propres, on n'aura aucune complication à redouter.

Une fois le tendon divisé, on oblitérera l'orifice cutané, avec un
fragment d'ouate imbibé de collodion ; puis, on maintiendra la tête dans
une attitude convenable à l'aide des appareils que je vais décrire.

Le plus simple de tous les appareils est le suivant : On applique
autour de la tête, une bandelette d'un sparadrap bien adhésif, que l'on
pourra renforcer à l'aide de quelques tours de bande. On fixe ensuite
en arrière de la tête, en un point qui se rapproche de l'insertion du
muscle sectionné, un tube de caoutchouc que l'on fixera en avant de
l'épaule correspondante, après lui avoir fait décrire le tour de l'articulation scapulo humérale.

On pourra fixer les deux extrémités du tube élastique, d'un côté
avec un crochet, de l'autre avec une forte épingle.

Cet appareil est le plus simple de tous, il n'est pas le moins efficace, surtout chez les adultes.

Les enfants ne le supportent pas toujours bien ; car ils n'indiquent
pas toujours si la traction est exacte ou trop grande, de là, insuffi-
sance d'action dans certains cas, et exagération dans d'autres. De plus,
on voit quelquefois la traction élastique produire l'élévation de l'épaule,
sans que la correction, du côté de la tête, soit suffisante. Mais, en général, le moignon de l'épaule ne tarde pas à s'affaisser, et la tête est
entraînée dans la bonne direction.

Souvent, la section d'un seul tendon suffira, et le massage para-
chèvera la cure.

De nombreux appareils ont été construits, pour maintenir la tête
dans une bonne attitude. Je vais indiquer les principaux. Je remercie
MM. Rainal frères d'avoir bien voulu me confier les clichés de ces
appareils ; les figures intercalées dans le texte permettront à nos lec-
teurs de saisir plus facilement les descriptions. Ces dessins ont été
créés pour le remarquable ouvrage *Les bandages et l'orthopédie.* — L.
et J. Rainal 1885. Nous empruntons à ce livre les légendes qui suivent.

 • Un des appareils les plus ingénieux est celui que Bouvier a fait
construire sous le nom de Minerve. — La figure 1 est une modification
du modèle de Delacroix : il offre l'avantage, sur ce dernier, de ne pas

exercer une compression douloureuse sur les maxillaires. Les dévia-
tions les plus fortes, une fois la section du tendon opérée, ne résistent
pas à l'action de cet appareil.

Le modèle (fig. 1) exécute les quatre mouvements, qui sont indispensables pour le traitement mécanique du torticolis : 1ᵉ mouvement

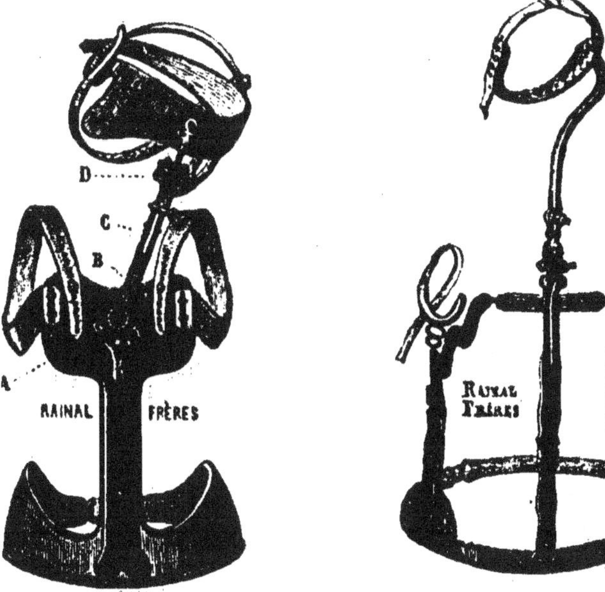

Fig. 1.   Fig. 2.

d'inclinaison de la tête de droite à gauche ; 2ᵉ mouvement de la tête
d'avant en arrière ; 3ᵉ extension continue de la tête ; 4ᵉ mouvement de
rotation de la tête de droite à gauche.

Cet appareil est composé d'une ceinture prenant son point d'appui
sur les crêtes iliaques. A sa partie supérieure est fixé un tuteur dorsal
d'une largeur de 4 centimètres, se terminant par une plaque embrassant
les omoplates. Au centre de cette dernière est fixée une vis sans fin A
commandant le tuteur cervical ; cette vis meut une roue dentée.

Il suffit de mouvoir la vis A pour obtenir le mouvement d'inclinaison, soit à droite, soit à gauche. Immédiatement au-dessus de cette
articulation, existe un deuxième engrenage B permettant le mouvement d'avant en arrière. Le tuteur cervical exécute le mouvement
d'extension par la crémaillère C. L'appareil se termine par un demi-
cercle métallique fermé en avant par une courroie. Le point de
jonction de la plaque et du tuteur est formé par l'articulation D, qui
exécute le mouvement de rotation de la tête à droite ou à gauche. Les
deux crosses axillaires peuvent monter ou descendre à volonté.

Ce modèle est applicable à la suite de la section du muscle cléïdo-mastoïdien.

Le torticolis amène souvent une déviation latérale de la colonne vertébrale. Pour ce cas, nous avons modifié l'appareil précédent en lui ajoutant deux tuteurs latéraux destinés à supporter le poids des parties supérieures.

Cet appareil (fig. 2) se compose d'une ceinture pelvienne prenant exactement les contours du bassin. Deux goussets, fixés de chaque côté de la ceinture, reposent sur les crêtes iliaques ; les tuteurs latéraux sont terminés par des crosses axillaires et sont réunis par une bandelette d'acier destinée à éviter leur écartement.

La jonction du tuteur dorsal avec le tuteur cervical est formée par un engrenage exécutant les mêmes mouvements que l'appareil précédent. »

On a préconisé de même un collier en cuir moulé (fig. 3) dont voici la légende : « Il est renforcé de petites bandelettes destinées à éviter la déformation du cuir. Le côté où existe la déviation est plus élevé que le côté sain.

L'appareil prend son point d'appui sur la mâchoire inférieure et sur

Fig. 3.   Fig. 4.

les épaules ; il est lacé à 'a partie postérieure. Des bretelles, fixées d'avant en arrière, le maintiennent constamment en place ; une ouverture est pratiquée sur le devant, afin de ne pas gêner la respiration.

Pour que cet appareil remplisse toutes les indications, il faut que le moulage soit exécuté, le sujet ayant la tête penchée en arrière et légèrement inclinée du côté opposé à la déviation.

Dans la majorité des cas, le muscle cléido-mastoïdien est tellement rétracté qu'il est impossible de donner une position avantageuse au sujet.

Dans ce cas, le moulage est exécuté dans la position vicieuse. Avant de mouler le cuir, il faut avoir soin, si le torticolis est du côté gauche, de pratiquer pour ainsi dire une section du muscle sur le moulage même. On amène ainsi la tête dans la position droite, en enlevant une partie de plâtre du côté opposé à la rétraction, et en ajoutant la même partie du côté rétracté. L'appareil exécuté dans ces conditions a pour but non seulement d'immobiliser, mais aussi de redresser. »

« Le collier à vis de pression est un appareil (fig. 4) composé d'un collier en cuir moulé ; à sa partie postérieure sont fixées deux valves supportées par quatre vis que l'on peut allonger à volonté. La partie inférieure de ces vis glisse dans une coulisse ; elles peuvent décrire un arc de cercle, ce qui en facilite ainsi l'application.

Une fois l'appareil appliqué, il suffit de monter les vis, du côté affecté, pour que la tête soit ramenée dans sa position normale. Les deux valves, prenant leur point d'appui sur le maxillaire inférieur, sont fortement rembourrées afin de ne pas exercer de pressions douloureuses.

Pour la confection de cet appareil, le moulage du cou et des épaules est nécessaire. »

Collier en caoutchouc, appareil de nuit : « Les appareils Minerve et les colliers en cuir moulé ne pouvant pas être supportés pendant la nuit, on emploie alors le collier en caoutchouc (fig. 5). Cet appareil est

Fig. 5.

Fig. 6.

composé de trois coussins superposés et gonflés d'air ; il prend son point d'appui sous le menton ; il a pour but de faire basculer la tête d'avant en arrière et de s'opposer à l'inclinaison latérale.

Il est fixé à la partie postérieure au moyen de deux boutons.

Cet appareil est aussi applicable chez les enfants du premier âge, au début de positions vicieuses de la tête, et dans l'arthrite cervicale au premier degré, lorsque les colliers en cuir ne pourraient être supportés.

Cet appareil (fig. 5) est recouvert de soie ; il se gonfle à l'aide d'un insufflateur, il faut avoir soin de ne pas trop distendre les coussins.

Ce modèle, quoique n'étant pas d'une grande efficacité, rend de réels services comme appareil de nuit.

En effet, le résultat obtenu pendant le jour par le collier en cuir moulé deviendrait nul, si la tête n'était pas maintenue pendant le décubitus horizontal. »

L'appareil ci-dessus (fig. 6) « se compose d'une demi-cuirasse embrassant la nuque, la partie supérieure des épaules, la partie dorsale et la partie lombaire. A l'extrémité supérieure de l'appareil est fixé un demi-cercle d'acier fortement rembourré s'appliquant au-dessous des oreilles et disposé de telle façon que la tête soit constamment maintenue dans sa position normale. Des bandelettes d'acier évitent la déformation du cuir ; des trous pratiqués de part en part allégissent l'appareil et laissent un libre cours à la transpiration. Il est maintenu par deux épaulettes ; la partie abdominale est formée par un devant de corset en coutil lacé. Pour sa confection, le moulage du tronc est indispensable. »

L'appareil du docteur Richard (fig. 7) « se compose d'une ceinture entourant le bassin. Le tuteur dorsal est brisé à sa partie supérieure au moyen d'une articulation à genouillère. Le tuteur cervical est muni de deux plaques passant sur la nuque et embrassant les faces latérales de la tête. Une ouverture est pratiquée de chaque côté au niveau des oreilles ; une courroie réunit les deux parties temporales en passant sur le front.

Lorsque l'appareil est appliqué, il suffit, à l'aide de la clef, d'imprimer les mouvements de flexion de droite à gauche, et réciproquement. Les manipulations terminées, on rend l'appareil rigide à l'aide des trois vis que l'on serre fortement. »

Il ne faut pas oublier qu'en toute circonstance des troubles musculaires accompagnent le torticolis, et qu'une fois le redressement obtenu par la section tendineuse, il est de toute nécessité de rendre la vitalité aux muscles atrophiés ou contracturés. Les appareils mécaniques assureront le maintien dans une bonne attitude ; mais il faut retenir, que pour obtenir une guérison complète et durable, le massage et les exercices musculaires sont indispensables.

Que penser de la méthode de redressement brusque préconisée par le docteur Delore, de Lyon? Cette pratique est dangereuse, car la violence des tractions peut amener le décollement de certaines portions osseuses; en outre, si, par erreur, on redressait brusquement un torticolis déterminé par l'affection tuberculeuse d'une vertèbre cervicale, on courrait le risque de voir le patient succomber pendant l'opération.

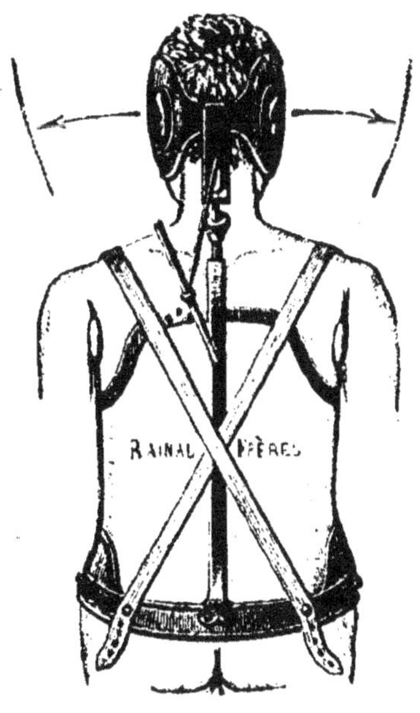

Fig. 7.

On devra donc toujours procéder avec la plus grande circonspection et s'efforcer, avant tout traitement, de faire un diagnostic exact.

La recherche des causes du torticolis, l'étude des diathèses, les caractères symptomatologiques, seront autant de guides qui permettront d'appliquer un traitement rationnel.

Enfin, l'électricité et le massage, appliqués après le redressement chirurgical, offriront toutes les garanties et permettront de consolider le succès obtenu.

1888

—

IMPRIMERIE F. MEUDIC, 60, RUE MESLAY

PARIS

1888

IMPRIMERIE F. MEURIC, 60, RUE MESLAY

PARIS